Lisa Hombaum

Mathematik 8. Klasse: Einführung von Funktionen

GRIN Verlag

Bibliografische Information der Deutschen Nationalbibliothek:

Die Deutsche Bibliothek verzeichnet diese Publikation in der Deutschen National-
bibliografie; detaillierte bibliografische Daten sind im Internet über http://dnb.d-
nb.de/ abrufbar.

Impressum:

Copyright © 2010 GRIN Verlag, Open Publishing GmbH
Druck und Bindung: Books on Demand GmbH, Norderstedt Germany
ISBN: 978-3-640-95663-0

Dieses Buch bei GRIN:

http://www.grin.com/de/e-book/173304/mathematik-8-klasse-einfuehrung-von-
funktionen

GRIN - Your knowledge has value

Der GRIN Verlag publiziert seit 1998 wissenschaftliche Arbeiten von Studenten, Hochschullehrern und anderen Akademikern als eBook und gedrucktes Buch. Die Verlagswebsite www.grin.com ist die ideale Plattform zur Veröffentlichung von Hausarbeiten, Abschlussarbeiten, wissenschaftlichen Aufsätzen, Dissertationen und Fachbüchern.

Besuchen Sie uns im Internet:

http://www.grin.com/

http://www.facebook.com/grincom

http://www.twitter.com/grin_com

Unterrichtsentwurf

Lehramt 4. Fachsemester

Inhaltsverzeichnis

1. Bedingungsanalyse

Den Unterrichtsversuch habe ich in der Klasse 8.3 durchgeführt. Die Klasse wird derzeit von 26 SchülerInnen, von denen 13 weiblich und 13 männlich sind, besucht. In diesem Jahr gibt es fünf Wiederholer, die aber gut in die Klassengemeinschaft integriert sind. Durch diese und Wiederholer vorheriger Klassenstufen ist die Klasse sehr heterogen. Dies zeigt die Altersspannweite von 13-16 Jahren und deren unterschiedliche Entwicklung. Zwischen den Schülern und Schülerinnen gibt es für das Alter typische Konflikte und Streitereien, bei denen es aber nicht den Anschein macht, als ob sie bedenkliche Folgen haben könnten. Die Hilfsbereitschaft in der Klasse findet also häufig nur in den einzelnen Grüppchen statt, trotz dessen herrscht kein Konkurrenzdenken.

Die Lernbereitschaft der SchülerInnen ist aufgeschlossen und interessiert, doch die Noten sind eher mittelmäßig homogen. Und auch ihre Konzentrationsbereitschaft ist sehr begrenzt. Aus diesem Grunde habe ich einige Sozialformwechsel in meiner Unterrichtsplanung eingebracht.

Häufig wirken sie unselbstständig, da sie große Schwierigkeiten haben Aufgabenstellungen, besonders Sachaufgaben, zu verstehen. Ein anderes Beispiel dafür zeigt sich, wenn sie sich bei Lösungen unsicher sind und entweder fragend antworten oder gar nicht. Auf Grund

1

dessen lasse ich bestimmte Formulierungen der mathematischen Sprache oft wiederholen. Damit sie diese Ausdrücke für Antworten benutzen können.

Die Schüler sind das Arbeiten in Gruppen, Partner- und Einzelarbeit gewohnt. Letztere Sozialform plane ich daher zweimal in meine Unterrichtsstunde ein.

Zu den leistungsstarken Kindern gehören vor allem X und Y, die durch großes Allgemeinwissen und schnelles Auffassen von Themen auffallen. Da sie meist schneller als ihre Mitschüler Aufgaben bearbeiten, habe ich ein Zusatzarbeitsblatt eingeplant.

2. Unterrichtseinheit
Thema der Unterrichtseinheit: Lineare Funktionen
Aufbau der Unterrichtseinheit:

1. Stunde: Wiederholung von Zuordnungen und Wertetabellen
   Wertetabellen erstellen
   Graphen zeichnen
2. **Stunde: Einführung des Funktionsbegriffs**
   Die Funktion als eindeutige Zuordnung kennen
3. Stunde: Das Steigungsdreieck an proportionalen Funktionen
   Steigungsdreieck von proportionalen Funktionen anhand von Sachaufgaben ermitteln und graphisch lösen
4. Stunde: Das Steigungsdreieck bei proportionalen Funktionen im Unterschied zum Steigungsdreieck bei linearen Funktionen
   Steigungsdreieck anhand von Funktionsgleichungen linearer Funktionen ermitteln und graphisch lösen
5. Stunde: Der y-Achsenabschnitt
   y-Achsenabschnitt anhand von Rechenaufgaben ermitteln und graphisch lösen
6. Stunde: Sachaufgaben
   Lineare Funktionen beschreiben und graphisch darstellen
7. Stunde: Sachaufgaben
   Sachaufgaben mit Hilfe von linearen Funktionen graphisch lösen
8. Stunde: Nullstellen
   Nullstellen linearer Funktionen graphisch und rechnerisch bestimmen

3. Formalia

Klasse: 8.3

Fach: Mathematik

Realschule

Thema der Stunde: Proportionale Funktionen

Stundenziel: Die Schülerinnen und Schüler sollen die Ordnungszahlen in ihrem bekannten Zahlenraum kennen lernen.

4. Lernziele

Stundenziel: Die Schülerinnen und Schüler sollen die Funktion als eindeutige Zuordnung kennen lernen.

Die Schülerinnen und Schüler sollen...

TZ 1: ... den Funktionsbegriff kennenlernen.

TZ 2: ...eine eindeutige Funktion erkennen.

TZ 3: ... anhand von Aufgabenstellungen Wertetabellen von Funktionen erstellen.

TZ 4: ... anhand von Aufgabestellungen oder Wertetabellen Graphen von Funktionen in ein Koordinatensystem zeichnen

5. Unterrichtsentwurf

5.1. Sachanalyse

Eine Funktion ist eine spezielle Form der Abbildung, bei der jedem Element der Urbildmenge, genau ein Element der Bildmenge zugeordnet wird. Somit ist eine Funktion eine Relation. Man definiert: Gegeben seien zwei nichtleere Mengen A und B. Unter einer Funktion (Abbildung) der Menge A in die Menge B versteht man eine Teilmenge von AxB, für die gilt: Zu jedem x $\in$ A gibt es genau ein y $\in$ B, so dass (x,y) $\in$ AxB ist.
Die Funktion selbst wird mit einem Kleinbuchstaben f, g, h... bezeichnet. Ist etwa f dieser Buchstabe, so schreibt man die Zuordnung in der Form f: A $\rightarrow$ B.

3

Wird dem Element x ∈ A durch die Abbildung f das Element y ∈ B zugeordnet, so schreibt man y = f(x) oder f: x → y.

„D(f):= A ist der Definitionsbereich von f." Die Elemente des Definitionsbereiches D bezeichnet man in der Literatur auch als Argumente.

„ W(f):=B ist der Wertebereich von f." F(x), g(x), h(x), … bezeichnen dagegen die Elmente des Wertebereichs W, genannt die Funktionswerte.

„Funktionsgleichung: y= f(x) , Funktionsterm: f(x)

Graph von f: Menge der Punkte (x, f(x)) in der x, y - Ebene."

Lineare Funktionen sind ein Teilbereich der Funktionen. Ihre Funktionsgleichungen können in der Form y = a x + b dargestellt werden. Der Graph einer linearen Funktion beschreibt eine Gerade mit der Steigung a und dem Schnittpunkt (0|b) auf der y-Achse.

Wenn die Funktion durch y = 0 x + b gegeben ist, verläuft der Graph der Funktion parallel zur x-Achse. Man spricht hierbei von einer konstanten Funktion.

Eine lineare Funktion schneidet die x-Achse für alle x, die die Gleichung 0 = a x + b erfüllen.

„Der Graph einer Funktion f zu einer Gleichung der Form y = m·x ist stets eine Gerade durch den Nullpunkt mit der Steigung m. Falls m ≠0 ist, gilt D = W..."

5.2. Didaktische Analyse

Das Thema der Stunde lautet „Einführung des Funktionsbegriffs". Das bedeutet, dass die Schüler und Schülerinnen in dieser Klasse noch kein Wissen über das Thema haben. In den vorherigen Klassenstufen haben sie Zuordnungen anhand von Wertetabellen und Graphen behandelt und haben daher eine Hinführung zu diesem Themenbereich.

Die Rahmenrichtlinien des Landes Niedersachsen für das Fach Mathematik an Realschulen schreiben das Thema „Lineare Funktionen" für die achte Klasse verbindlich vor.

Probleme könnten bei der Definition des Funktionsbegriffes auftauchen. Dies werde ich durch mehrfaches Zurückgreifens auf die Begriffserklärung während der ganzen Unterrichtsstunde verständlicher machen. Zum Beispiel durch Fragen nach der Ein- und Ausgabegröße in den Wertetabellen und Graphen und auch durch vielfaches Vorlesen dieser Definition.

Schwierigkeiten könnte es auch in der Erarbeitungsphase 2 geben. Hier sollen die Schüler und

Schülerinnen beim Zeichnen des Graphen erkennen, dass dies keine Funktion darstellt. Wenn dies nicht der Fall ist, werde ich mit kleinen Denkanregungen nachhelfen.

Der Bezug des Themas Lineare Funktionen zum Alltag der Schüler und Schülerinnen ist in jeder Zeitung zu sehen. Hier wird man mit Funktionen konfrontiert, da Statistiken, Arbeitslosenzahlen oder auch die Börsenkurse als solche dargestellt werden.

Auch nach der Schule ist der Umgang mit Funktionen wichtig. So werden zum Beispiel in kaufmännischen Berufen Wachstumsprozesse durch Funktionen abgebildet.

Der Funktionsbegriff ist ein zentraler Begriff der Mathematik. Dieses wird in der vielfältigen Behandlung des Themas im Unterricht deutlich. Den Zugang zu diesem Inhalt für die Schüler und Schülerinnen, liegt vor allen Dingen darin, dass diese Einheit die Themenkreise Zuordnungen, Prozentrechnung und lineare Gleichungen wiederholt. Auch beim Lösen von vieler Sachaufgaben, ermöglicht das Erstellen von Funktionen ein strukturiertes Bearbeiten und Verstehen.

Zukünftig wird durch diese Einheit der Umgang mit linearen Gleichungssystemen, quadratischen Funktionen und Gleichungen, Wachstumsprozessen und trigonometrischen Funktionen eingeleitet.

Es gibt außerdem einige Fächerübergreifende Aspekte, wie zum Beispiel in Physik oder auch Erdkunde. Hier ist der sichere Umgang mit Funktionen daher wichtig, da man Abhängigkeiten mit Hilfe von Funktionen darstellen kann. Die Bewertung der Funktionen in Hinblick auf ihre Aussagen steht dabei im Vordergrund.

5.3. Methodische Analyse

Die vorliegende Unterrichtsstunde führt mit verschiedenen Phasen auf das Stundenthema hin. Die Einleitung, welche ca. sechs Minuten dauern soll, werde ich mit der Frage nach dem Thema der letzten Stunde beginnen, das eine Wiederholung von Wertetabellen und Graphen anhand von Zuordnungen beinhaltete. Daraufhin werde ich den Schüler und Schülerinnen unser heutiges Thema und damit auch unser Ziel für diese Stunde kurz darlegen, indem ich ihnen sage, dass wir und heute mit Funktionen beschäftigen und, dass diese eindeutige Zuordnungen sind. Um den Begriff „Eindeutigkeit" in der Mathematik zu klären, habe ich eine Aufgabe gewählt, in der es um die Punkteverteilung in einer Klassenarbeit geht. Dazu steht schon eine ausgefüllte Wertetabelle an der Tafel, die die Schüler und Schülerinnen erläutern sollen. Daraufhin werde ich verschiedene Fragen zu dieser Tabelle stellen. Auf einige Fragen wird es mehrere Antworten geben und auf andere nur eindeutige. Den Begriff „eindeutig" benutze ich bei den Formulierungen häufig, um den Kindern den Sachverhalt dieses verständlich zu machen.

Als Alternative hätte ich eine andere Aufgabe wählen können, die ein Problem beinhaltet um die Schüler anzuregen dieses Problem zu lösen. Meine auserwählte Aufgabe hatte jedoch den Vorteil, dass die Schüler und Schülerinnen eine ähnliche aus der letzten Stunde kannten und somit den Sachverhalt besser und schneller verstehen konnten.

Für die Hinführung des Funktionsbegriffes, werde ich diesen vorher an die Tafel schreiben: „Unter einer Funktion versteht man eine eindeutige Zuordnung, bei der zu jeder Größe aus einem ersten Bereich (Eingabegröße) eindeutig/genau eine Größe aus dem zweiten Bereich (Ausgabegröße) gehört". Ich lasse ihn vorlesen und dann haben die Schüler und Schülerinnen zehn Minuten Zeit diesen in ihr Heft zu übertragen. Dadurch können sie während und in den darauf folgenden Stunden immer wieder auf die Definition zurückgreifen und sie sich zum besseren Verständnis immer wieder durchlesen. Nach dem Abschreiben frage ich noch nach der Ein- bzw. Ausgabegröße in unserer Aufgabe.

Als Alternative könnte ich die Schüler und Schülerinnen fragen, was sie sich unter einer eindeutigen Zuordnungen vorstellen, da sie den Begriff Zuordnung schon kennen. Ein gelenktes Unterrichtsgespräch würde entstehen und die eigene Kreativität würde gefördert werden. Dies würde jedoch sehr viel Zeit in Anspruch nehmen und bei so einer vielzähligen Klasse würden wahrscheinlich einige Verwirrungen aufkommen.

Die nächste Phase dieser Stunde wechselt zwischen Erarbeitungsphase und Sicherung. Dies soll ungefähr 30 Minuten dauern und enthält viele kurze Phasen und häufigen Phasenwechsel. Dadurch wir die Motivation der Schüler und Schülerinnen gesteigert konzentriert zu arbeiten und sich zu beteiligen.

Es dient auch mir, wenn ich Zeitdruck bekomme, da ich dann ein paar Erarbeitungsphasen weglassen oder diese verkürzen könnte.

Zuerst werde ich verschiedene Zuordnungsgraphen in einem Koordinatensystem an der Tafel anzeichnen. Die Schüler und Schülerinnen sollen entscheiden und begründen, ob der jeweilige Graph eine Funktion darstellt.

Eine andere Option wäre die einer Gruppenarbeit, bei der jeweils 2-3 aus der Klasse zusammen eine Zuordnung bearbeiten und diese dann an der Tafel vor der Klasse darzustellen. Dadurch könnte jedoch Unruhe aufkommen und es würde länger dauern.

Zur Sicherung bekommen die Schüler und Schülerinnen ein Arbeitsblatt ausgeteilt. Auf diesem sind ebenfalls Graphen dargestellt, von denen die Art der Zuordnung und deren Begründung schriftlich festgehalten werden soll.

Als Alternative könnte ich die Schüler und Schülerinnen an der Tafel eigene Zuordnungsgraphen zeichnen lassen, um dann ihren Mitschülern diese Aufgabe zu stellen. Damit würde ein offener Unterricht stattgefunden und die Schüler und Schülerinnen wären mehr in den Unterricht einbezogen. Dabei könnte das Problem entstehen, dass einige Mitschüler nicht drangenommen werden und somit nicht alle diesen Sachverhalt sichern. Außerdem hätten sie keine schriftliche Anfertigung der Übung, die für mich wichtig für Verständnis von Funktionen erscheint.

Die nächste Erarbeitungsphase greift die Aufgabe vom Anfang der Stunde wieder auf, um den Schülern und Schülerinnen den roten Faden dieses Unterrichtsverlaufs deutlich zu machen. Die Wertetabelle soll nun als Graph dargestellt werden. Einer oder eine aus der Klasse soll diesen in ein Koordinatensystem zeichnen. Mein Ziel ist es, dass beim Anzeichnen jemand erkennt, dass dies keine Funktion darstellt. Wenn dies nicht der Fall ist, werde ich mit kleinen Denkanregungen nachhelfen. Daraufhin sollen die Schüler und Schülerinnen gemeinsam an der Tafel die Wertetabelle und den Graphen der Aufgabe darstellen, jedoch dabei die x- und y-Werte tauschen. Als Lösung werden sie eine Funktion erhalten und damit die Stundenziele erreichen: eine eindeutige Funktion erkennen und anhand von Aufgabenstellungen Wertetabellen und Graphen von Funktionen zeichnen können.

Als Alternative könnte die Aufgabe von Anfang eine Funktion beinhalten. Mein Gedanke war, dass ich bei meiner Unterrichtsplanung die Schüler und Schülerinnen motivieren kann die Aufgabe zu lösen, da ja nun nicht unser Ziel die Funktion an der Tafel steht.

Als Zeitzusatz habe ich ein Arbeitsblatt gewählt, bei dem ein ähnlicher Sachverhalt besteht. Hier wird die Punkteverteilung von Gewinnklassen dargestellt. Die Aufgaben bestehen aus Eindeutigkeitsfragen, sowie der Frage nach der Art der Zuordnung und deren Begründung.

.

Die Sozialformen dieser Unterrichtsstunde beinhalten vor allen Dingen Frontalunterricht und das gelenkte Unterrichtsgespräch. Ein Grund dafür ist, dass ich somit den Unterricht besser kontrollieren und viele Phasenwechsel einbauen kann. Würde ich mehr Unterrichtsgespräche und Gruppenarbeiten einbringen, würde viel Zeit verloren gehen. Außerdem ist den Schülern und Schülerinnen dieser Klasse das Thema Funktionen nicht bekannt. Sie könnten schnell untereinander Fehler einbauen und dies könnte zu noch größeren Verständnisproblemen führen. Die Einzelarbeit dient zur Sicherung. Zusätzlich ist sie auch eine gute Methode, das Verhalten der Schüler und Schülerinnen, sofern sie unruhig sind, zu besänftigen.

Da der Frontalunterricht den Schülern und Schülerinnen dieser Klasse nicht so bekannt ist, ist es eine Abwechslung für sie. In den späteren Stunden über Lineare Funktionen könnte man Unterrichtsgespräche und Gruppenarbeiten einführen, da sie dann mit dem Thema schon vertrauter sind.

5.4. Nachbereitung und Reflexion

Das Stundenziel „Funktionen als eindeutige Zuordnungen erkennen" wurde bei vielen Schüler und Schülerinnen erreicht.

Die Schüler und Schülerinnen haben den Funktionsbegriff verstanden und können anhand von Graphen eindeutige Zuordnung erkennen. Anfangs hatten sie mit dem Verstehen der Definition Probleme. Dies ist jedoch nicht untypisch, da das Thema Lineare Funktionen eines der schwierigsten Themen ist.

Die Unterrichtsstunde lief, außer ein paar Minuten Verzögerung nach der Hälfte der Stunde (Erklärung siehe unten), nach Planung und größtenteils am Verlauf orientiert. Durch die vielen, kurzen Phasen wurde der Unterricht nicht langweilig und enthielt viele Motivationen, die die Klasse braucht, da sie eine geringe Konzentrationsbereitschaft haben. Das Arbeitsblatt, das sie zwischendurch bearbeiten sollten, haben alle richtig gelöst und dadurch auch besser verstanden, wie man eine Funktion an einem Graphen erkennt. Die Stunde lief trotz der Zeitverzögerung strukturiert ab und ich konnte einige gelenkte Unterrichtsgespräche einfließen lassen. Eine eher riskante vorbereitete Phase war die, dass die Schüler und Schülerinnen ohne Nachfragen erkennen, dass der dargestellte Graph keine Funktion ist. Doch nach dem Eintragen weniger Punkte, meldete sich eine eher durchschnittliche Matheschülerin, da sie festgestellt hatte, dass der Graph an der Tafel keine Funktion sein kann.

Das erste Problem kam auf, als das SmartBoard nicht richtig funktionierte, woran die Technik Schuld war. Möglicherweise hätte das das Tafelbild unstrukturiert aussehen lassen können. Ich habe die Schüler dann jedoch die Wertetabelle abschreiben lassen, damit ich die Seite der Tafel für den Graphen nutzen kann. Da die Tafel jedoch kein Gittermuster hat, war das Eintragen der Punkte nicht eindeutig. Die Schüler und Schülerinnen haben trotzdem verstanden, wie das Tafelbild korrekterweise auszusehen hat Einberechnet hatte ich nicht, dass die Schüler und Schülerinnen zum Verstehen des Funktionsbegriffes anhand der Graphen länger brauchen. Ich habe also weitere Graphenbeispiele angezeichnet und immer wieder auf die Definition der Funktion hingewiesen und einzelne Schüler am SmartBoard Beweise für oder gegen eine Funktion zeigen lassen. Zwischendurch versuchten Schüler und Schülerinnen den Funktionsbegriff in eigenen Worten zu erklären. Da sie aber nicht auf die Antwort kamen, die ich zum Weiterführen meiner Stunde brauchte, erklärte ich die Definition eben in Form des Frontalunterrichtes. Begründung dafür liegt in der Befürchtung, dass Einige in der Klasse durch die Aussagen ihrer Mitschüler durcheinander gekommen wären. Dadurch konnte ich die nächste Erarbeitungsphase erst sieben Minuten später beginnen. Dass sie es nicht verstanden haben, liegt möglicherweise daran, dass das Thema sehr schwierig nachzuvollziehen ist.

Die letzte Aufgabe eine Wertetabelle und einen Graphen zur Eingabegröße: Punktzahl und Ausgabegröße: Zensur zu erstellen und dies zu vergleichen, habe ich durch die Zeitverzögerung nicht mehr geschafft. Die Aufgabe haben die Schüler und Schülerinnen als Hausaufgabe bekommen. Mögliche Konsequenzen sind die, dass sie ihre Hausaufgaben nicht erledigen und das Erstellen der Darstellung von Funktionen nicht sichern.

Wenn ich noch einmal eine Stunde über den Funktionsbegriff in einer achten Klasse unterrichten würde, würde ich ein paar Dinge anders machen. Zuerst einmal muss ich noch konkrete Formulierungen von allgemeinen Antwortmöglichkeiten des Themas aneignen. Fragen sollte ich so stellen, dass auch konkrete Antworten möglich sind. Die erste Zuordnung bei der Aufgabe zu dem Klassenspiegel sollte die Funktion sein, damit die Schüler und Schülerinnen trotz einer möglichen Zeitverzögerung Wertetabelle und Graph aufgeschrieben haben. Allgemein den Unterricht etwas offener gestalten, damit die Kinder der Klasse den Funktionsbegriff verstehen und in die Unterrichtseinheit und weitere zusammenhängende einordnen können.

Es gab auch Schwierigkeiten, die ich nicht hätte lösen können. Wie zum Beispiel, das Problem mit dem SmartBorad. Da ich vorher nicht in diesen Klassenraum hineinkam, hatte ich nicht die Chance etwas vorzubereiten oder zu testen. Ebenso bei der Schwierigkeit die Definition einer Funktion zu verstehen. Da viele Schüler und Schülerinnen Zeit und viele Beispiele und Anregungen brauchen um sich in das Thema hineindenken zu können.

Vor der Stunde war ich etwas aufgeregt, weil ich nicht genügend Vorbereitungszeit hatte um die Technik des SmartBoards noch einmal zu testen. Zudem war ich gespannt auf die Lernbereitschaft der Klasse, da ich sie an diesem Tag noch nicht gesehen hatte. Ich habe mich aber auch sehr darauf gefreut mich den Schülern zu arbeiten und nach der Stunde ein Feedback meines Tutors zu erhalten.

Mein Gefühl während der Stunde war gemischt. Mich hat es sehr gefreut und bestätigt, dass die SchülerInnen so gut mitgearbeitet haben. Sie waren ruhig und konzentriert und das gab mir das Gefühl der Lehrerautorität. Etwas Unsicherheit kam bei mir auf, als ich drei kleine Fehler machte, wie zum Beispiel den Punkt -3 auf der y-Achse nur als 3 zu beschriften. Die Fehler habe ich nach wenigen Sekunden bemerkt und korrigiert. Im Allgemeinen gesagt, konnte ich mich richtig in die Lehrerrolle hineinfühlen.

Ich fühle mich erleichtert und zufrieden, dass das Stundenziel bei vielen erreicht wurde und die Stunde fast komplett am Verlauf orientiert war.

5.5. Verlaufsplan

Datum: 17.03.2010	Klasse: 8.3	3. Stunde: 9.50 – 10.35Uhr	Fach: Mathematik		
Unterrichtsei nheit: Lineare Funktionen Stundenthe ma: Funktionsbe griff	Lernziel:	1. Die Funktion als eindeutige Zuordnung kennenlernen	2. Wertetabelle erstellen	3. Graphen anhand der Wertetabelle zeichnen	
Zeit	Phasen	Lehrerhandlung	Schülerhandlung	Sozialform	Medien
9.50 – 9.56Uhr	Einleitun g	Eine eindeutige Zuordnung ist eine Funktion Wertetabelle zur Punkteverteilung		Gelenktes Unterrichtsgespräc h	SmartBoard

		einer Klassenarbeit am SmartBoard zeigen			
		Fragen stellen wie „ *Bekommt man mir 18Punkten eindeutig eine II?"*	Fragen beantworten		
9.56 – 10.06Uhr	Hinführung	*„Was ist in der Aufgabe die Eingabe- bzw. Ausgabegröße?"*	Funktionsbegriff vorlesen und abschreiben von der Tafel	Frontalunterricht Gelenktes Unterrichtsgespräch	Tafel
10.06 – 10.10Uhr	Erarbeitung 1	Zwei Zuordnungen an das SmartBoard zeichnen	Entscheiden und begründen, ob der jeweilige Graph eine Funktion darstellt	Gelenktes Unterrichtsgespräch	SmartBoard
10.10 – 10.18Uhr	Sicherung 1	Hilfestellung	Arbeitsblatt bearbeiten Jeweils ein Schüler benennt und begründet einen Graphen am SmartBoard	Einzelarbeit	Arbeitsblatt(gleiche Aufgabe wie bei Erarbeitung 1)
10.18 – 10.35 Uhr	Erarbeitung 2	Hilfestellung	Graph zur Wertetabelle der Punkteverteilung am SmartBoard zeichnen und den Graph benennen	Gelenktes Unterrichtsgespräch Einzelarbeit	Arbeitsblatt SmartBoard Tafel
	Sicherung 2	*„Kann man Eingabe- und Ausgabegröße in der Wertetabelle vertauschen?"*	Stellen fest, dass dieser Graph keine Funktion ist Wertetabelle und Graph erstellen Ein Schüler erstellt die Wertetabelle am SmartBoard Ein anderer zeichnet den Graphen am SmartBoard		

Zusatz	Sicherung 3	Hilfestellung	Arbeitsblatt bearbeiten	Einzelarbeit	Arbeitsblatt (ähnliche Aufgabe wie die der Klassenarbeit)